英国数学真简单团队/编著　华云鹏　刘舒宁/译

DK儿童数学分级阅读 第四辑

加法和减法

数学真简单！

电子工业出版社

Publishing House of Electronics Industry

北京·BEIJING

Original Title: Maths—No Problem! Addition and Subtraction, Ages 8–9 (Key Stage 2)
Copyright © Maths—No Problem!, 2022
A Penguin Random House Company

版权贸易合同登记号　图字：01-2024-1631

图书在版编目（CIP）数据

DK儿童数学分级阅读. 第四辑. 加法和减法 / 英国数学真简单团队编著；华云鹏，刘舒宁译. --北京：电子工业出版社，2024.5
ISBN 978-7-121-47749-2

Ⅰ. ①D⋯　Ⅱ. ①英⋯　②华⋯　③刘⋯　Ⅲ. ①数学—儿童读物　Ⅳ. ①O1-49

中国国家版本馆CIP数据核字（2024）第082178号

出版社感谢以下作者和顾问：Andy Psarianos, Judy Hornigold, Adam Gifford和Anne Hermanson博士。
已获Colophon Foundry的许可使用Castledown字体。

责任编辑：苏　琪　文字编辑：高　菲
印　　刷：鸿博昊天科技有限公司
装　　订：鸿博昊天科技有限公司
出版发行：电子工业出版社
　　　　　北京市海淀区万寿路173信箱　　邮编：100036
开　　本：889×1194　1/16　印张：18　　字数：303千字
版　　次：2024年5月第1版
印　　次：2024年11月第2次印刷
定　　价：128.00元（全6册）

凡所购买电子工业出版社图书有缺损问题，请向购买书店调换。若书店售缺，请与本社发行部联系，联系及邮购电话：（010）88254888，88258888。
质量投诉请发邮件至zlts@phei.com.cn，盗版侵权举报请发邮件至dbqq@phei.com.cn。
本书咨询联系方式：（010）88254161转1868，suq@phei.com.cn。

www.dk.com

目 录

鲁比   艾略特   阿米拉   查尔斯   露露   萨姆   奥克   霍莉   拉维   艾玛   雅各布   汉娜

数位

准 备

汉娜一共有多少张贴纸？

举 例

我们可以使用位值卡片来表示贴纸的数量。

每摞有1000张贴纸。

1000读作一千。

卡片分别代表1000、100、10和1。

有5个千，6个百，1个
十和5个一。

读作五千六百
一十五。

汉娜一共有5 615张贴纸。

练 习

数一数，写一写。第一题答案已给出，供你参考。

1

三千五百三十五

3 535

2

3

4

比较数的大小并排序

准 备

| 7 | | 1 | | 9 | | 3 |

将这四个数字组合起来，写出它们能组成的最大的数和最小的数。

举 例

千位	百位	十位	个位
1000 1000 1000 1000 1000 1000 1000 1000 1000	100 100 100 100 100 100 100	10 10 10	1
9	7	3	1

把最大的数字9放在千位来组成最大的数。

9731是能组成的最大的数。

把第二大的数字放在百位，第三大的数字放在十位，最小的数字放在个位。

要组成最小的数，就把最小的数字放在千位，把剩余数字按从小到大的顺序依次放在百位、十位和个位。

千位	百位	十位	个位
1000	100 100 100	10 10 10 10 10 10 10	1 1 1 1 1 1 1 1 1
1	3	7	9

能组成的最小的数是1379。

这些数字卡片能组成的最大的数是9731，最小的数是1379。

练习

1 把下列数按从小到大的顺序排序。

(1) 4680, 5762, 3598, 1298

	,		,		,	

(2) 3784, 3893, 3779, 3778

	,		,		,	

2 把下列数按从大到小的顺序排序。

(1) 3112, 2875, 2956, 4012

	,		,		,	

(2) 5479, 5542, 5601, 5543

	,		,		,	

不进位加法

准备

周六，2 463人参观了博物馆。周日，3 135人参观了博物馆。

周末两天共有多少人参观了博物馆？

举例

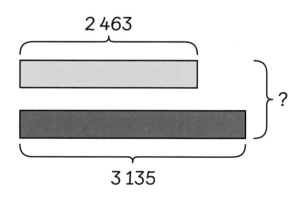

2 463

3 135

?

做加法，算总数。

	1000 1000	100 100 100 100	10 10 10 10 10 10	1 1 1
	1000 1000 1000	100	10 10 10	1 1 1 1 1

第1步　个位相加。
第2步　十位相加。
第3步　百位相加。
第4步　千位相加。

```
    2  4  6  3
 +  3  1  3  5
 ─────────────
    5  5  9  8
```

周末共有5 598人参观了博物馆。

练 习

 加一加。

(1)
```
    4  6  3  8
 +  3  2  4  1
 ─────────────
   □  □  □  □
```

(2)
```
    7  2  4  3
 +  2  7  4  6
 ─────────────
   □  □  □  □
```

(3)
```
    2  0  2  3
 +  6  3  2  5
 ─────────────
   □  □  □  □
```

(4)
```
    8  4  2  3
 +  1  5  1  6
 ─────────────
   □  □  □  □
```

(5)
```
    6  1  5  3
 +  3  8  4  6
 ─────────────
   □  □  □  □
```

(6)
```
    3  2  7  5
 +  5  6  1  3
 ─────────────
   □  □  □  □
```

2 (1) 从A市到B市的车程是4411千米，从B市到C市的车程比从A市到B市远1532千米。依此行车路线，从A市经由B市到C市的车程是多少？

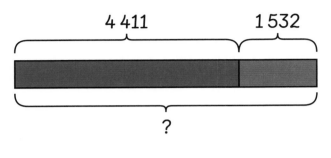

从A市经由B市到C市的车程是 _____ 千米。

(2) 从C市到D市的车程比从A市经由B市到C市多1035千米。从A市经B、C两市到D市的总车程是多少？

从A市途径B、C两市到D市的总车程是 _____ 千米。

3 按要求将下列数字组成两个四位数。

5	4	4	4	3	3	3	2

(1) 找到两个数，使它们相加结果最大。

(2) 找到相加结果最大的另外两个数。

(3) 找到相加结果最小的两个数。

(4) 找到相加结果最小的另外两个数。

进位加法（一）

准 备

一张双人沙发售价2 325元，
一张单人沙发售价1 549元。

这两张沙发一共多少钱？

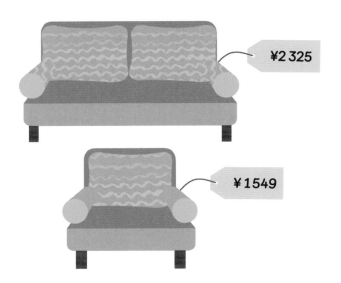

举 例

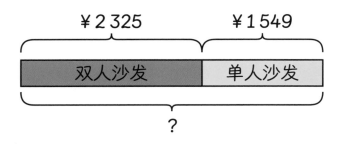

算出2 325和1 549
的总和。

第1步　个位相加。
　　　　5个一 + 9个一 = 14个一，
　　　　个位向十位进一。
　　　　14个一 = 1个十 + 4个一。

$$
\begin{array}{r}
2\ 3\ 2\ {\scriptstyle 5} \\
+\ 1\ 5\ 4{\scriptstyle _1}\ {\scriptstyle 9} \\
\hline
{\scriptstyle 4}
\end{array}
$$

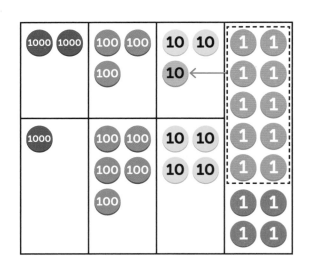

第2步　十位相加。

2个十 + 4个十 + 1个十 = 7个十

	2	3	2	5
+	1	5	4 ₁	9
			7	4

$$\begin{array}{r} 2\ 3\ 2\ 5 \\ +\ 1\ 5\ 4_1\ 9 \\ \hline 7\ 4 \end{array}$$

第3步　百位相加。

3个百 + 5个百 = 8个百

$$\begin{array}{r} 2\ 3\ 2\ 5 \\ +\ 1\ 5\ 4_1\ 9 \\ \hline 8\ 7\ 4 \end{array}$$

第4步　千位相加。

2个千 + 1个千 = 3个千

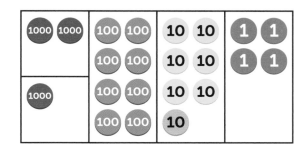

$$\begin{array}{r} 2\ 3\ 2\ 5 \\ +\ 1\ 5\ 4_1\ 9 \\ \hline 3\ 8\ 7\ 4 \end{array}$$

2325 + 1549 = 3874

这两张沙发一共3874元。

1 加一加。

(1)
```
    3   2   4   7
+   2   5   4   6
  [ ] [ ] [ ] [ ]
```

(2)
```
    1   4   3   5
+   5   3   5   6
  [ ] [ ] [ ] [ ]
```

(3)
```
    5   4   3   6
+   1   0   2   8
  [ ] [ ] [ ] [ ]
```

(4)
```
    1   1   0   6
+   2   1   5   6
  [ ] [ ] [ ] [ ]
```

(5)
```
    8   2   6   1
+   1   6   2   9
  [ ] [ ] [ ] [ ]
```

(6)
```
    1   3   3   9
+   8   5   5   1
  [ ] [ ] [ ] [ ]
```

(7)
```
    1   1   1   9
+   2   2   2   1
  [ ] [ ] [ ] [ ]
```

(8)
```
    1   3   2   4
+   3   4   5   8
  [ ] [ ] [ ] [ ]
```

2 算一算，填一填。

雅各布早上走了2 328步到学校。艾略特比他多走了1 235步。

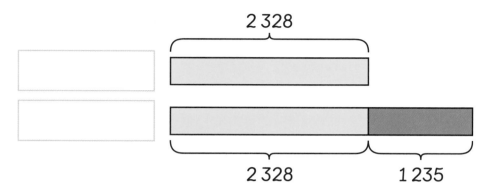

(1) 艾略特早上走了多少步到学校？

艾略特早上走了 ☐ 步到学校。

(2) 艾略特和雅各布总共走了多少步？

艾略特和雅各布总共走了 ☐ 步。

进位加法（二）

准 备

萨姆在竞速游戏中最高得分是7485分。

鲁比的最高得分比萨姆多1236分。

鲁比在游戏中得了多少分？

举 例

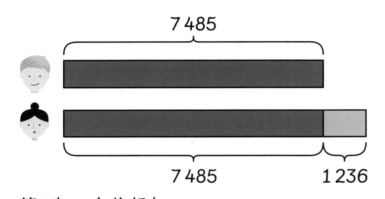

7485

7485   1236

把7485和1236相加算出鲁比的最高得分。

第1步　个位相加。
　　　　5个一 + 6个一 = 11个一，
　　　　个位向十位进一。
　　　　11个一 = 1个十 + 1个一。

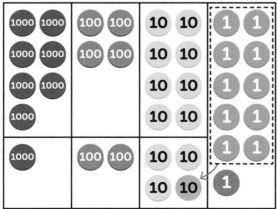

$$
\begin{array}{r}
7\ 4\ 8\ 5 \\
+\ 1\ 2\ 3_{1}\ 6 \\
\hline
1
\end{array}
$$

第2步 十位相加。

8个十 + 3个十 + 1个十 = 12个一，
十位向百位进一。
12个十 = 1个百 + 2个十。

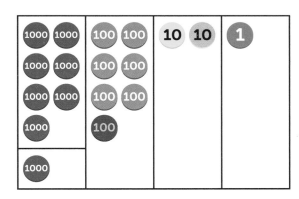

$$
\begin{array}{r}
7\ 4\ 8\ 5 \\
+\ 1\ 2_1\ 3_1\ 6 \\
\hline
2\ 1 \\
\hline
\end{array}
$$

第3步 百位相加。

4个百 + 2个百 + 1个百 = 7个百

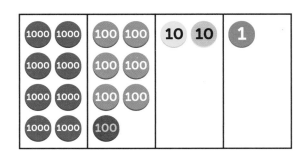

$$
\begin{array}{r}
7\ 4\ 8\ 5 \\
+\ 1\ 2_1\ 3_1\ 6 \\
\hline
7\ 2\ 1 \\
\hline
\end{array}
$$

第4步 千位相加。

7个千 + 1个千 = 8个千

$$
\begin{array}{r}
7\ 4\ 8\ 5 \\
+\ 1\ 2_1\ 3_1\ 6 \\
\hline
8\ 7\ 2\ 1 \\
\hline
\end{array}
$$

7485 + 1236 = 8 721
鲁比在竞速游戏中得了8 721分。

1 加一加。

(1)

```
    4  2  4  9
 +  2  6  8  5
 ┌──┬──┬──┬──┐
 │  │  │  │  │
 └──┴──┴──┴──┘
```

(2)

```
    3  1  8  2
 +  3  4  1  8
 ┌──┬──┬──┬──┐
 │  │  │  │  │
 └──┴──┴──┴──┘
```

(3)

```
    8  3  6  6
 +  1  3  8  7
 ┌──┬──┬──┬──┐
 │  │  │  │  │
 └──┴──┴──┴──┘
```

(4)

```
    7  3  9  3
 +  1  4  9  5
 ┌──┬──┬──┬──┐
 │  │  │  │  │
 └──┴──┴──┴──┘
```

(5)

```
    1  0  7  5
 +  8  6  7  8
 ┌──┬──┬──┬──┐
 │  │  │  │  │
 └──┴──┴──┴──┘
```

(6)

```
    4  7  9  9
 +  4  0  8  9
 ┌──┬──┬──┬──┐
 │  │  │  │  │
 └──┴──┴──┴──┘
```

(7)

```
    1  1  3  4
 +  2  1  6  7
 ┌──┬──┬──┬──┐
 │  │  │  │  │
 └──┴──┴──┴──┘
```

(8)

```
    2  1  5  6
 +  1  1  4  5
 ┌──┬──┬──┬──┐
 │  │  │  │  │
 └──┴──┴──┴──┘
```

2 算一算，填一填。

音乐老师花3 299元为学校买了一套新的鼓，还买了一些吉他和音箱，比鼓多花了2 076元。

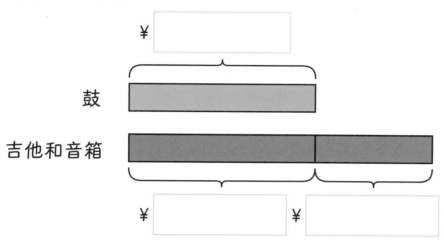

(1) 音乐老师买吉他和音箱花了多少钱？

音乐老师买吉他和音箱花了 ⬚ 元。

(2) 音乐老师总共花了多少钱？

音乐老师总共花了 ⬚ 元。

进位加法（三）

准 备

周三，一架飞机从伦敦出发飞行6 374千米到达芝加哥，然后从芝加哥飞行2 997千米抵达旧金山。

伦敦		芝加哥	旧金山
	6 374千米		2 997千米

这架飞机在周三总共飞行了多远的距离？

举 例

把6 374和2 997相加。

第1步　个位相加。
4个一 + 7个一 = 11个一，
个位向十位进一。
11个一 ＝ 1个十 + 4个一。

```
    6   3   7   4
+   2   9   9₁  7
_____
                1
```

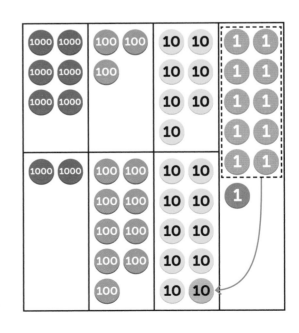

第2步　十位相加。

7个十 + 9个十 + 1个十 = 17个一，
十位向百位进一。
17个十 = 1个百 + 7个十。

$$
\begin{array}{r}
6\quad 3\quad 7\quad 4 \\
+\ 2\quad 9\ _1 9\ _1 7 \\
\hline
7\quad 1
\end{array}
$$

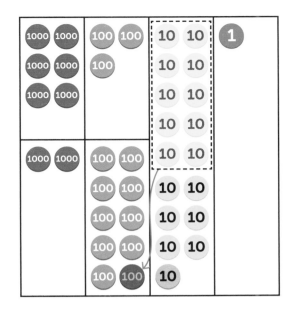

第3步　百位相加。

3个百 + 9个百 + 1个百 = 13个百

$$
\begin{array}{r}
6\quad 3\quad 7\quad 4 \\
+\ 2\ _1 9\ _1 9\ _1 7 \\
\hline
3\quad 7\quad 1
\end{array}
$$

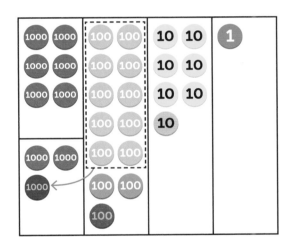

第4步　千位相加。

6个千 + 2个千 + 1个千 = 9个千

$$
\begin{array}{r}
6\quad 3\quad 7\quad 4 \\
+\ 2\ _1 9\ _1 9\ _1 7 \\
\hline
9\quad 3\quad 7\quad 1
\end{array}
$$

6374 + 2997 = 9371
这架飞机在周三飞行了9371千米。

1 加一加。

(1)
```
    5  5  3  8
+   2  7  8  5
  ┌──┬──┬──┬──┐
  │  │  │  │  │
  └──┴──┴──┴──┘
```

(2)
```
    6  8  9  3
+   1  4  7  9
  ┌──┬──┬──┬──┐
  │  │  │  │  │
  └──┴──┴──┴──┘
```

(3)
```
    7  3  8  6
+   1  9  3  7
  ┌──┬──┬──┬──┐
  │  │  │  │  │
  └──┴──┴──┴──┘
```

(4)
```
    2  7  9  3
+   5  8  4  9
  ┌──┬──┬──┬──┐
  │  │  │  │  │
  └──┴──┴──┴──┘
```

(5)
```
    4  4  5  8
+   4  8  6  5
  ┌──┬──┬──┬──┐
  │  │  │  │  │
  └──┴──┴──┴──┘
```

(6)
```
    1  9  9  9
+   1  2  1  1
  ┌──┬──┬──┬──┐
  │  │  │  │  │
  └──┴──┴──┴──┘
```

(7)
```
    3  1  2  1
+   5  9  7  0
  ┌──┬──┬──┬──┐
  │  │  │  │  │
  └──┴──┴──┴──┘
```

(8)
```
    2  2  3  5
+   3  8  8  5
  ┌──┬──┬──┬──┐
  │  │  │  │  │
  └──┴──┴──┴──┘
```

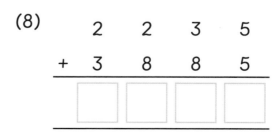

2 周六，4 797人在体育场观看了一场足球赛。周日，4 658人在体育场观看了一场演唱会。在体育场举行的这两场活动总共有多少人参加？

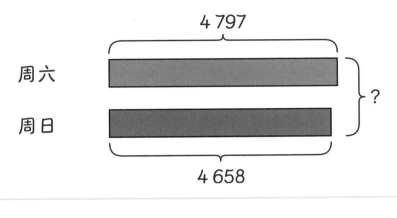

这两场活动总共有 _____ 人参加。

不退位减法

准 备

坦桑尼亚的塞伦盖蒂国家公园有2 888头野生狮子。南非克鲁格国家公园有1 630头野生狮子。

塞伦盖蒂国家公园的狮子比克鲁格国家公园多多少头？

举 例

要想计算两者之差，得用2 880减去1 630。

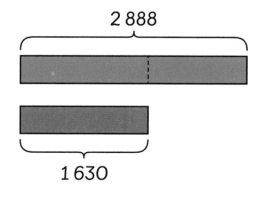

2 888

1 630

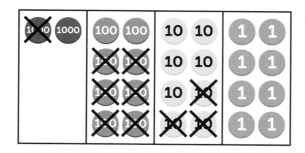

第1步　个位相减。
第2步　十位相减。
第3步　百位相减。
第4步　千位相减。

$2\,888 - 1\,630 = 1\,258$

塞伦盖蒂国家公园的狮子比克鲁格国家
公园多1 258头。

$$
\begin{array}{r}
2\ 8\ 8\ 8 \\
-\ 1\ 6\ 3\ 0 \\
\hline
1\ 2\ 5\ 8
\end{array}
$$

练 习

1 减一减。

(1)
$$
\begin{array}{r}
7\ \ 7\ \ 5\ \ 2 \\
-\ 5\ \ 3\ \ 4\ \ 1 \\
\hline
\square\ \square\ \square\ \square
\end{array}
$$

(2)
$$
\begin{array}{r}
8\ \ 9\ \ 9\ \ 4 \\
-\ 2\ \ 3\ \ 7\ \ 4 \\
\hline
\square\ \square\ \square\ \square
\end{array}
$$

(3)
$$
\begin{array}{r}
9\ \ 4\ \ 5\ \ 1 \\
-\ 6\ \ 3\ \ 4\ \ 0 \\
\hline
\square\ \square\ \square\ \square
\end{array}
$$

(4)
$$
\begin{array}{r}
5\ \ 8\ \ 4\ \ 5 \\
-\ 2\ \ 5\ \ 1\ \ 2 \\
\hline
\square\ \square\ \square\ \square
\end{array}
$$

② 布伦德尔公园足球场可容纳9546名球迷。蒂法体育场可容纳5126名球迷。蒂法体育场比布伦德尔公园足球场少容纳多少名球迷？

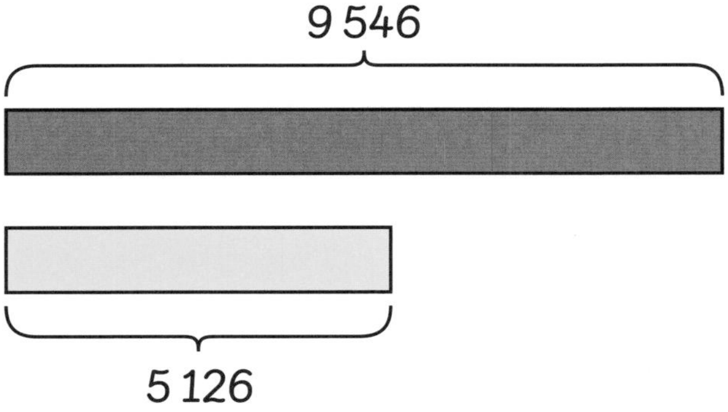

9546

5126

蒂法体育场比布伦德尔公园足球场少容纳 ⬚ 名球迷。

③ 肯尼亚马赛马拉国家野生动物保护区2017年有9466头水牛，2014年有7342头水牛。

2014年比2017年少了多少头水牛？

2014年比2017年少了 ⬚ 头水牛。

4 肯尼亚马赛马拉国家野生动物保护区2017年有2 498头大象，2014年有
1 443头大象。

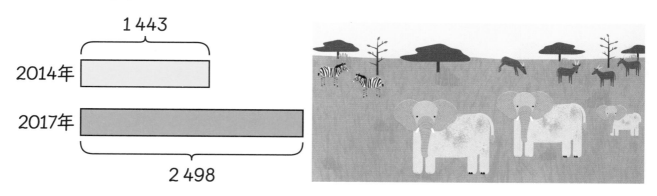

2017年比2014年多几头大象？

2017年比2014年多 ⬚ 头大象。

退位减法（一）

准备

A山峰海拔8 481米。B山峰海拔8 125米。

两座山峰的海拔高度差是多少？

举例

做减法，求差值。

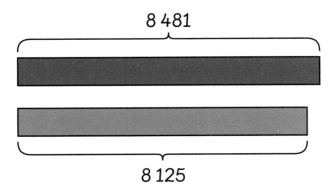

8 481

8 125

用8 481减去8 125。

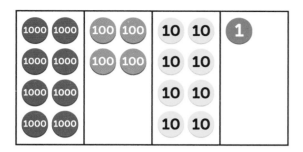

个位不够减。

$$
\begin{array}{r}
8\ 4\ 8\ 1 \\
-\ 8\ 1\ 2\ 5 \\
\hline
\end{array}
$$

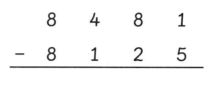

$$
\begin{array}{r}
8\ 4\ \overset{7}{\cancel{8}}\ \overset{11}{\cancel{1}} \\
-\ 8\ 1\ 2\ 5 \\
\hline
\end{array}
$$

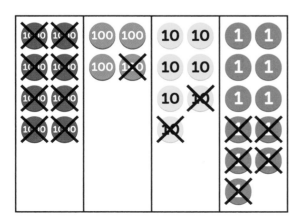

$$
\begin{array}{r}
8\ 4\ \overset{7}{\cancel{8}}\ \overset{11}{\cancel{1}} \\
-\ 8\ 1\ 2\ 5 \\
\hline
3\ 5\ 6 \\
\end{array}
$$

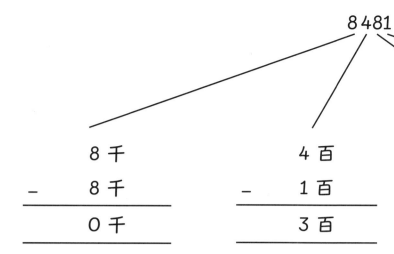

$$8\ 481$$

8 千	4 百	$^{7}\cancel{8}$ 十	$^{11}\cancel{1}$ 一
− 8 千	− 1 百	− 2 十	− 5 一
0 千	3 百	5 十	6 一

8 481 − 8 125 = 356
两座山峰的海拔高度差是356米。

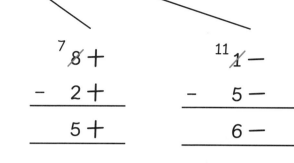

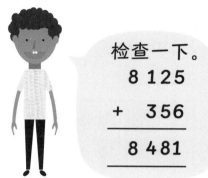

检查一下。

$$
\begin{array}{r}
8\ 125 \\
+\ \ \ 356 \\
\hline
8\ 481 \\
\hline
\end{array}
$$

 **练 习**

1 减一减。

（1）

$$
\begin{array}{r}
8\ 5\ 8\ 4 \\
-\ 5\ 4\ 6\ 9 \\
\hline
\square\ \square\ \square\ \square
\end{array}
$$

（2）

$$
\begin{array}{r}
7\ 3\ 7\ 1 \\
-\ 3\ 2\ 4\ 3 \\
\hline
\square\ \square\ \square\ \square
\end{array}
$$

（3）

$$
\begin{array}{r}
7\ 4\ 8\ 3 \\
-\ 6\ 3\ 5\ 6 \\
\hline
\square\ \square\ \square\ \square
\end{array}
$$

（4）

$$
\begin{array}{r}
5\ 6\ 7\ 5 \\
-\ 3\ 3\ 4\ 8 \\
\hline
\square\ \square\ \square\ \square
\end{array}
$$

(5)
```
    6  5  7  4
 -  2  2  3  9
  ┌──┬──┬──┬──┐
  │  │  │  │  │
  └──┴──┴──┴──┘
```

(6)
```
    2  4  9  3
 -  1  3  5  8
  ┌──┬──┬──┬──┐
  │  │  │  │  │
  └──┴──┴──┴──┘
```

2 拉维和家人从英国曼彻斯特飞往美国洛杉矶，全程8 524千米。飞行5 023 千米后，飞机到达了加拿大蒙特利尔上空。

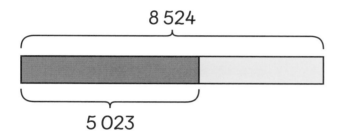

他们还要飞多远才能到达美国洛杉矶？

拉维和家人还要飞行 ┌──────┐ 千米才能到达洛杉矶。

退位减法（二）

准 备

有一辆非常长的客运列车，车身长达1 097米。而另一辆更长的货运列车，车身长达7 242米。

这两列火车长度相差多少米？

举 例

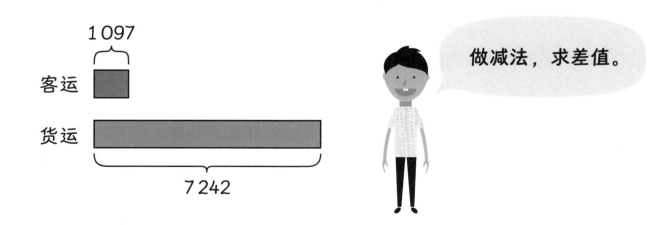

客运 1 097

货运 7 242

做减法，求差值。

用7 242减去1 097

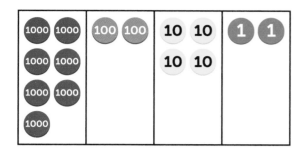

个位不够减。

```
    7   2   4   2
-   1   0   9   7
_____
```

十位不够减。

```
    7   2   ³4̶   ¹²2̶
-   1   0   9    7
_____
```

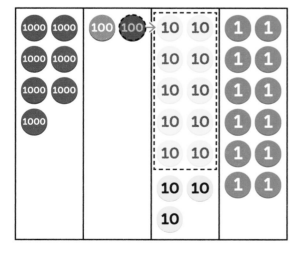

```
    7   ¹2̶   ¹³4̶   ¹²2̶
-   1   0    9     7
_____
```

7 242

7个千   1个百   13个十   12个一

33

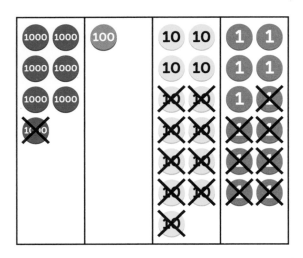

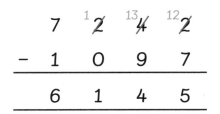

$$7242 - 1097 = 6145$$
这两列火车长度相差6145米。

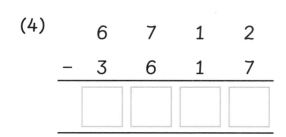

检查一下。
$$6145 + 1097 = 7242$$

练 习

1 减一减。

(1)
$$\begin{array}{r} 4\ \ 3\ \ 3\ \ 1 \\ -\ 2\ \ 1\ \ 4\ \ 5 \\ \hline \end{array}$$

(2)
$$\begin{array}{r} 7\ \ 3\ \ 1\ \ 4 \\ -\ 5\ \ 1\ \ 8\ \ 6 \\ \hline \end{array}$$

(3)
$$\begin{array}{r} 9\ \ 4\ \ 9\ \ 1 \\ -\ 6\ \ 3\ \ 9\ \ 6 \\ \hline \end{array}$$

(4)
$$\begin{array}{r} 6\ \ 7\ \ 1\ \ 2 \\ -\ 3\ \ 6\ \ 1\ \ 7 \\ \hline \end{array}$$

2 雅各布周一走了6756步，周二走了8412步，周三走了7924步。

周一	6756
周二	8412
周三	7924

(1) 雅各布周二比周一多走了多少步？

雅各布周二比周一多走了 ⬜ 步。

(2) 雅各布周一比周三少走了多少步？

雅各布周一比周三少走了 ⬜ 步。

退位减法（三）

准 备

这架钢琴的原价是8 000元。

今天购买这架钢琴要多少钱？

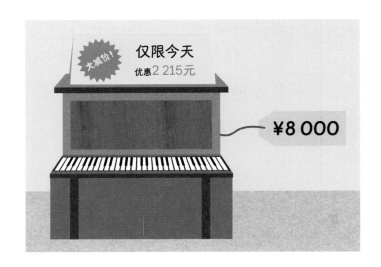

举 例

用8 000减去2 215来算出价格。

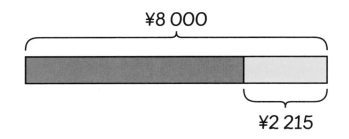

¥8 000

¥2 215

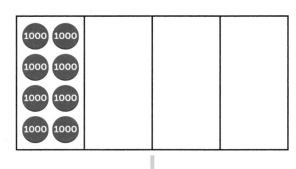

8000

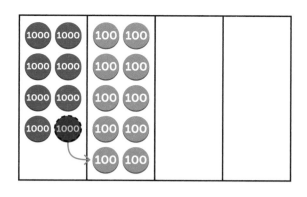

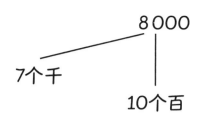

8 000

7个千

10个百

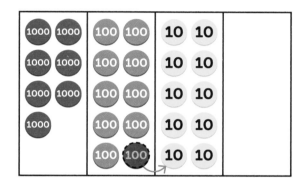

8 000

7个千

9个百　10个十

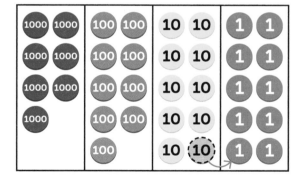

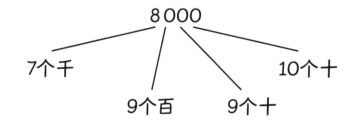

8 000

7个千　9个百　9个十　10个十

$$
\begin{array}{r}
{}^{7}\,{}^{9}\,{}^{9}\,{}^{10} \\
\not{8}\ \ \not{0}\ \ \not{0}\ \ \not{0} \\
-\ 2\ \ 2\ \ 1\ \ 5 \\
\hline
5\ \ 7\ \ 8\ \ 5
\end{array}
$$

检查一下。

$$
\begin{array}{r}
5\ 7\ 8\ 5 \\
+\ 2\ 2\ 1\ 5 \\
\hline
8\ 0\ 0\ 0
\end{array}
$$

1 减一减。

(1)
```
    3  2  2  3
 -  1  7  2  5
 ──────────────
   [ ][ ][ ][ ]
 ──────────────
```

(2)
```
    4  6  0  0
 -  2  8  4  3
 ──────────────
   [ ][ ][ ][ ]
 ──────────────
```

(3)
```
    8  0  0  0
 -  7  8  5  4
 ──────────────
   [ ][ ][ ][ ]
 ──────────────
```

(4)
```
    9  0  0  0
 -  7  6  2  1
 ──────────────
   [ ][ ][ ][ ]
 ──────────────
```

(5)
```
    6  0  0  0
 -  5  3  2  5
 ──────────────
   [ ][ ][ ][ ]
 ──────────────
```

(6)
```
    4  0  0  0
 -  3  4  6  7
 ──────────────
   [ ][ ][ ][ ]
 ──────────────
```

(7)
```
    5  0  0  0
 -  2  3  8  6
 ──────────────
   [ ][ ][ ][ ]
 ──────────────
```

(8)
```
    3  0  0  0
 -  1  9  9  9
 ──────────────
   [ ][ ][ ][ ]
 ──────────────
```

2 体育场能举办容纳8 000人的演唱会。目前已售出4 723张门票，还剩多少张票未售出？

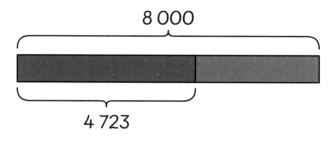

还剩 ⬚ 张票未售出。

3 为了保持健康，艾玛打算每天走7 000步。她今天已经走了2 884步。艾玛今天还要再走多少步？

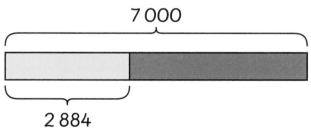

艾玛今天还要再走 ⬚ 步。

回顾与挑战

1 用汉字写出下列数字。

6 752 _____

8 253 _____

6 570 _____

1 013 _____

2 写出下列数字。

两千四百九十二 _____

一千两百一十八 _____

五千五百九十 _____

四千零四十三 _____

3 把下列数字按从小到大排序。

(1) 9953, 4812, 6955, 7988

☐ , ☐ , ☐ , ☐

(2) 3013, 3103, 3310, 3130

☐ , ☐ , ☐ , ☐

4 把下列数字按从大到小排序。

(1) 2781, 2530, 3181, 2978

☐ , ☐ , ☐ , ☐

(2) 5432, 5342, 5423, 5324

☐ , ☐ , ☐ , ☐

5 加一加。

(1)
```
    7  3  2  3
+   2  3  3  4
_____
  ☐  ☐  ☐  ☐
```

(2)
```
    4  0  4  8
+   3  1  3  4
_____
  ☐  ☐  ☐  ☐
```

(3)
```
    3  1  2  5
+   4  7  7  9
_____
  ☐  ☐  ☐  ☐
```

(4)
```
    5  8  6  3
+   2  4  6  8
_____
  ☐  ☐  ☐  ☐
```

(5)
```
    7  8  7  5
+   1  1  9  8
_____
  ☐  ☐  ☐  ☐
```

(6)
```
    3  5  7  1
+   1  4  2  9
_____
  ☐  ☐  ☐  ☐
```

6 减一减。

(1)
```
    3  1  7  7
  - 1  1  2  1
  ┌──┬──┬──┬──┐
  │  │  │  │  │
  └──┴──┴──┴──┘
```

(2)
```
    6  5  9  5
  - 1  2  7  8
  ┌──┬──┬──┬──┐
  │  │  │  │  │
  └──┴──┴──┴──┘
```

(3)
```
    7  6  5  7
  - 7  3  6  8
  ┌──┬──┬──┬──┐
  │  │  │  │  │
  └──┴──┴──┴──┘
```

(4)
```
    4  2  5  5
  - 2  6  8  7
  ┌──┬──┬──┬──┐
  │  │  │  │  │
  └──┴──┴──┴──┘
```

(5)
```
    6  0  0  0
  - 3  9  6  3
  ┌──┬──┬──┬──┐
  │  │  │  │  │
  └──┴──┴──┴──┘
```

(6)
```
    8  0  0  0
  - 5  7  9  4
  ┌──┬──┬──┬──┐
  │  │  │  │  │
  └──┴──┴──┴──┘
```

7 艾略特和鲁比玩了一局棋盘游戏。他们平分了所有的游戏币准备再玩一局。鲁比给了艾略特625个游戏币后，他们的游戏币一样多。

(1) 第一局游戏结束后，鲁比比艾略特多多少个游戏币？

在第一局游戏结束后，鲁比比艾略特多 [　　　] 个游戏币。

(2) 在第二局游戏结束时，鲁比有1 285个游戏币，艾略特有1 715个。艾略特需要给鲁比多少游戏币，他们才有同样多的游戏币？

艾略特需要给鲁比 [　　　] 个游戏币，他们才有同样多的游戏币。

8 周五，3597个小朋友参观了科技馆。周六参观科技馆的小朋友比周五多2489人。周日参观科技馆的小朋友比周六少1287人。

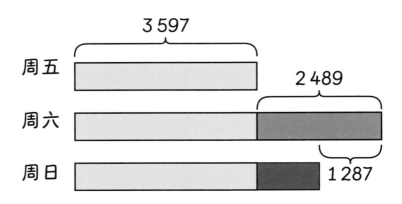

（1）周六有多少个小朋友参观了科技馆？

周六有 ☐ 个小朋友参观了科技馆。

(2) 周日有多少个小朋友参观了科技馆？

周日有 ⬚ 个小朋友参观了科技馆。

(3) 周六和周日总共有多少个小朋友参观了科技馆？

周六和周日总共有 ⬚ 个小朋友参观了科技馆。

参考答案

第 5 页　2 七千五百四十六, 7546　3 四千三百六十七, 4 367　4 一千七百三十六, 1 736

第 7 页　1 (1) 1 298, 3 598, 4 680, 5 762　(2) 3 778, 3 779, 3 784, 3 893　2 (1) 4 012, 3 112, 2 956, 2 875　(2) 5 601, 5 543, 5 542, 5 479

第 9 页　1 (1) 7 879　(2) 9 989　(3) 8 348　(4) 9 939　(5) 9 999　(6) 8 888

第 10 页　2 (1) 从A市经由B市到C市的车程是10 354千米。　(2) 从A市经由B、C两市到D市的总车程是21 743千米。

第 11 页　3

(1)
```
    5  4  3  3
 +  4  4  3  2
 ───────────
    9  8  6  5
```

(2)
```
    5  4  3  2
 +  4  4  3  3
 ───────────
    9  8  6  5
```

(3)
```
    2  3  4  5
 +  3  3  4  4
 ───────────
    5  6  8  9
```

(4)
```
    2  3  4  4
 +  3  3  4  5
 ───────────
    5  6  8  9
```

第 14 页　1

(1)
```
    3  2  4  7
 +  2  5  4₁ 6
 ───────────
    5  7  9  3
```

(2)
```
    1  4  3  5
 +  5  3  5₁ 6
 ───────────
    6  7  9  1
```

(3)
```
    5  4  3  6
 +  1  0  2₁ 8
 ───────────
    6  4  6  4
```

(4)
```
    1  1  0  6
 +  2  1  5₁ 6
 ───────────
    3  2  6  2
```

(5)
```
    8  2  6  1
 +  1  6  2  9
 ───────────
    9  8  9  0
```

(6)
```
    1  3  3  9
 +  8  5  5₁ 1
 ───────────
    9  8  9  0
```

(7)
```
    1  1  1  9
 +  2  2  2₁ 1
 ───────────
    3  3  4  0
```

(8)
```
    1  3  2  4
 +  3  4  5₁ 8
 ───────────
    4  7  8  2
```

第 15 页　2

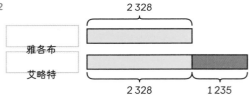

(1) 艾略特早上走了3 563步到学校。
(2) 艾略特和雅各布总共走了5 891步。

第 18 页　1

(1)
```
    4  2  4  9
 +  2  6₁ 8₁ 5
 ───────────
    6  9  3  4
```

(2)
```
    3  1  8  2
 +  3  4  1₁ 8
 ───────────
    6  6  0  0
```

(3)
```
    8  3  6  6
 +  1  3  8₁ 7
 ───────────
    9  7  5  3
```

(4)
```
    7  3  9  3
 +  1  4₁ 9  5
 ───────────
    8  8  8  8
```

(5)
```
    1  0  7  5
 +  8  6₁ 7₁ 8
 ───────────
    9  7  5  3
```

(6)
```
    4  7  9  9
 +  4  0₁ 8  9
 ───────────
    8  8  8  8
```

(7)
```
    1  1  3  4
 +  2  1  6₁ 7
 ───────────
    3  3  0  1
```

(8)
```
    2  1  5  6
 +  1  1₁ 4₁ 5
 ───────────
    3  3  0  1
```

第 19 页　2

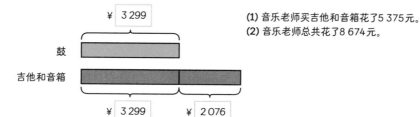

(1) 音乐老师买吉他和音箱花了5 375元。
(2) 音乐老师总共花了8 674元。

第 22 页　1 (1)
```
    5 5 3 8
  + 2 7 8 5
  --------
    8 3 2 3
```
(2)
```
    6 8 9 3
  + 1 4 7 9
  --------
    8 3 7 2
```
(3)
```
    7 3 8 6
  + 1 9 3 7
  --------
    9 3 2 3
```
(4)
```
    2 7 9 3
  + 5 8 4 9
  --------
    8 6 4 2
```
(5)
```
    4 4 5 8
  + 4 8 6 5
  --------
    9 3 2 3
```
(6)
```
    1 9 9 9
  + 1 2 1 1
  --------
    3 2 1 0
```
(7)
```
    3 1 2 1
  + 5 9 7 0
  --------
    9 0 9 1
```
(8)
```
    2 2 3 5
  + 3 8 8 5
  --------
    6 1 2 0
```

第 23 页　2 体育场这两场活动总共有9 455人参加。

第 25 页　1 (1) 2 411 (2) 6 620 (3) 3 111 (4) 3 333

第 26 页　2 蒂法体育场比布伦德尔公园少容纳4 420个球迷。　3 2014年少了2 124头水牛。

第 27 页　4 2017年比2014年多1 055头大象。

第 30 页　1 (1)
```
    8 5 8 4
  - 5 4 6 9
  --------
    3 1 1 5
```
(2)
```
    7 3 7 1
  - 3 2 4 3
  --------
    4 1 2 8
```
(3)
```
    7 4 8 3
  - 6 3 5 6
  --------
    1 1 2 7
```
(4)
```
    5 6 7 5
  - 3 3 4 8
  --------
    2 3 2 7
```

第 31 页　(5)
```
    6 5 7 4
  - 2 2 3 9
  --------
    4 3 3 5
```
(6)
```
    2 4 9 3
  - 1 3 5 8
  --------
    1 1 3 5
```
2 拉维和家人还要飞行3 501千米才能到达洛杉矶。.

第 34 页　1 (1)
```
    4 3 3 1
  - 2 1 4 5
  --------
    2 1 8 6
```
(2)
```
    7 3 1 4
  - 5 1 8 6
  --------
    2 1 2 8
```
(3)
```
    9 4 9 1
  - 6 3 9 6
  --------
    3 0 9 5
```
(4)
```
    6 7 1 2
  - 3 6 1 7
  --------
    3 0 9 5
```

第 35 页　2 (1) 雅各布周二比周一多走了1 656步。　(2) 雅各布周一比周三少走了1 168步。

第 38 页　1 (1)
$$
\begin{array}{r}
{}^{2}\cancel{3}\ {}^{11}\cancel{2}\ {}^{11}\cancel{2}\ {}^{13}\cancel{3} \\
-\ 1\ 7\ 2\ 5 \\
\hline
\boxed{1}\ \boxed{4}\ \boxed{9}\ \boxed{8}
\end{array}
$$
(2)
$$
\begin{array}{r}
{}^{3}\cancel{4}\ {}^{15}\cancel{6}\ {}^{9}\cancel{0}\ {}^{10}\cancel{0} \\
-\ 2\ 8\ 4\ 3 \\
\hline
\boxed{1}\ \boxed{7}\ \boxed{5}\ \boxed{7}
\end{array}
$$
(3)
$$
\begin{array}{r}
{}^{7}\cancel{8}\ {}^{9}\cancel{0}\ {}^{9}\cancel{0}\ {}^{10}\cancel{0} \\
-\ 7\ 8\ 5\ 4 \\
\hline
\ \ \ \ \boxed{1}\ \boxed{4}\ \boxed{6}
\end{array}
$$

(4)
$$
\begin{array}{r}
{}^{8}\cancel{9}\ {}^{9}\cancel{0}\ {}^{9}\cancel{0}\ {}^{10}\cancel{0} \\
-\ 7\ 6\ 2\ 1 \\
\hline
\boxed{1}\ \boxed{3}\ \boxed{7}\ \boxed{9}
\end{array}
$$
(5)
$$
\begin{array}{r}
{}^{5}\cancel{6}\ {}^{9}\cancel{0}\ {}^{9}\cancel{0}\ {}^{10}\cancel{0} \\
-\ 5\ 3\ 2\ 5 \\
\hline
\ \ \ \ \boxed{6}\ \boxed{7}\ \boxed{5}
\end{array}
$$
(6)
$$
\begin{array}{r}
{}^{3}\cancel{4}\ {}^{9}\cancel{0}\ {}^{9}\cancel{0}\ {}^{10}\cancel{0} \\
-\ 3\ 4\ 6\ 7 \\
\hline
\ \ \ \ \boxed{5}\ \boxed{3}\ \boxed{3}
\end{array}
$$

(7)
$$
\begin{array}{r}
{}^{4}\cancel{5}\ {}^{9}\cancel{0}\ {}^{9}\cancel{0}\ {}^{10}\cancel{0} \\
-\ 2\ 3\ 8\ 6 \\
\hline
\boxed{2}\ \boxed{6}\ \boxed{1}\ \boxed{4}
\end{array}
$$
(8)
$$
\begin{array}{r}
{}^{2}\cancel{3}\ {}^{9}\cancel{0}\ {}^{9}\cancel{0}\ {}^{10}\cancel{0} \\
-\ 1\ 9\ 9\ 9 \\
\hline
\boxed{1}\ \boxed{0}\ \boxed{0}\ \boxed{1}
\end{array}
$$

第 39 页　2 还剩3 277张票没卖。　3 艾玛今天还要再走4 116步。

第 40 页　1 六千七百五十二；八千二百五十三；六千五百七十；一千零十三　2 2 492; 1 218; 5 590; 4 043

第 41 页　3 (1) 4 812, 6 955, 7 988, 9 953　(2) 3 013, 3 103, 3 130, 3 310　4 (1) 3 181, 2 978, 2 781, 2 530　(2) 5 432, 5 423, 5 342, 5 324

5 (1)
$$
\begin{array}{r}
7\ 3\ 2\ 3 \\
+\ 2\ 3\ 3\ 4 \\
\hline
\boxed{9}\ \boxed{6}\ \boxed{5}\ \boxed{7}
\end{array}
$$
(2)
$$
\begin{array}{r}
4\ 0\ 4\ 8 \\
+\ 3\ 1\ 3\ 4 \\
\hline
\boxed{7}\ \boxed{1}\ \boxed{8}\ \boxed{2}
\end{array}
$$
(3)
$$
\begin{array}{r}
3\ 1\ 2\ 5 \\
+\ 4\ 7\ 7\ 9 \\
\hline
\boxed{7}\ \boxed{9}\ \boxed{0}\ \boxed{4}
\end{array}
$$

(4)
$$
\begin{array}{r}
5\ 8\ 6\ 3 \\
+\ 2\ 4\ 6\ 8 \\
\hline
\boxed{8}\ \boxed{3}\ \boxed{3}\ \boxed{1}
\end{array}
$$
(5)
$$
\begin{array}{r}
7\ 8\ 7\ 5 \\
+\ 1\ 1\ 9\ 8 \\
\hline
\boxed{9}\ \boxed{0}\ \boxed{7}\ \boxed{3}
\end{array}
$$
(6)
$$
\begin{array}{r}
3\ 5\ 7\ 1 \\
+\ 1\ 4\ 2\ 9 \\
\hline
\boxed{5}\ \boxed{0}\ \boxed{0}\ \boxed{0}
\end{array}
$$

第 42 页　6 (1)
$$
\begin{array}{r}
3\ 1\ 7\ 7 \\
-\ 1\ 1\ 2\ 1 \\
\hline
\boxed{2}\ \boxed{0}\ \boxed{5}\ \boxed{6}
\end{array}
$$
(2)
$$
\begin{array}{r}
6\ 5\ {}^{8}\cancel{9}\ {}^{15}\cancel{5} \\
-\ 1\ 2\ 7\ 8 \\
\hline
\boxed{5}\ \boxed{3}\ \boxed{1}\ \boxed{7}
\end{array}
$$
(3)
$$
\begin{array}{r}
7\ {}^{5}\cancel{6}\ {}^{14}\cancel{5}\ {}^{17}\cancel{7} \\
-\ 7\ 3\ 6\ 8 \\
\hline
\ \ \ \ \boxed{2}\ \boxed{8}\ \boxed{9}
\end{array}
$$

(4)
$$
\begin{array}{r}
{}^{3}\cancel{4}\ {}^{11}\cancel{2}\ {}^{14}\cancel{5}\ {}^{15}\cancel{5} \\
-\ 2\ 6\ 8\ 7 \\
\hline
\boxed{1}\ \boxed{5}\ \boxed{6}\ \boxed{8}
\end{array}
$$
(5)
$$
\begin{array}{r}
{}^{5}\cancel{6}\ {}^{9}\cancel{0}\ {}^{9}\cancel{0}\ {}^{10}\cancel{0} \\
-\ 3\ 9\ 6\ 3 \\
\hline
\boxed{2}\ \boxed{0}\ \boxed{3}\ \boxed{7}
\end{array}
$$
(6)
$$
\begin{array}{r}
{}^{7}\cancel{8}\ {}^{9}\cancel{0}\ {}^{9}\cancel{0}\ {}^{10}\cancel{0} \\
-\ 5\ 7\ 9\ 4 \\
\hline
\boxed{2}\ \boxed{2}\ \boxed{0}\ \boxed{6}
\end{array}
$$

第 43 页　7 (1)
$$
\begin{array}{r}
\ \ \ \ 6\ 2\ 5 \\
+\ \ \ 6\ 2\ 5 \\
\hline
\boxed{1}\ \boxed{2}\ \boxed{5}\ \boxed{0}
\end{array}
$$
625 + 625 = 1 250
第一局游戏结束后，鲁比比艾略特多1 250个游戏币。

(2)
$$
\begin{array}{r}
1\ {}^{6}\cancel{7}\ {}^{11}\cancel{1}\ 5 \\
-\ 1\ 2\ 8\ 5 \\
\hline
\ \ \ \ \boxed{4}\ \boxed{3}\ \boxed{0}
\end{array}
$$
1 715 − 1 285 = 430
430 ÷ 2 = 215
艾略特需要给鲁比215个游戏币，他们才有同样多的游戏币。

第 44 页　8 (1) 周六有6 086个小朋友参观了科技馆。

第 45 页　(2) 周日有4 799个小朋友参观了科技馆。
(3) 周六和周日总共有10 885个小朋友参观了科技馆。